水生动物防疫系列
宣传图册（四）

——水产养殖动植物疾病测报规范知识问答

农业农村部渔业渔政管理局
全国水产技术推广总站 组编

中国农业出版社
北 京

图书在版编目（CIP）数据

水生动物防疫系列宣传图册．四，水产养殖动植物疾病测报规范知识问答/农业农村部渔业渔政管理局，全国水产技术推广总站组编．—北京：中国农业出版社，2020.8

ISBN 978-7-109-27160-9

Ⅰ.①水…　Ⅱ.①农…②全…　Ⅲ.①水生动物—防疫—图册　Ⅳ.①S94-64

中国版本图书馆 CIP 数据核字（2020）第 143801 号

水生动物防疫系列宣传图册（四）

SHUISHENG DONGWU FANGYI XILIE XUANCHUAN TUCE（SI）

中国农业出版社出版

地址：北京市朝阳区麦子店街 18 号楼

邮编：100125

责任编辑：王金环

版式设计：王　晨　　责任校对：吴丽婷

印刷：北京缤索印刷有限公司

版次：2020 年 8 月第 1 版

印次：2020 年 8 月北京第 1 次印刷

发行：新华书店北京发行所

开本：850mm×1168mm　1/32

印张：2

字数：48 千字

定价：18.00 元

编辑委员会

序

近年来，各级渔业主管部门及水产技术推广、水生动物疫病预防控制、水产科研等机构围绕农业农村部“提质增效，减量增收，绿色发展，富裕渔民”的要求，通力协作，攻坚克难。经过努力，我国水生动物防疫体系已初具规模，水生动物防疫基本力量已初步形成，水生动物疫病监测机制已基本建立，养殖生产者的防病意识逐步增强，水生动物疫病防控能力进一步提高，为确保水产品的有效供给做出了重要贡献。

但是，目前我国水生动物防疫形势仍然不容乐观，全国水产技术推广总站每年监测到的水产养殖疾病近 100 种，年经济损失数百亿元，大规模疫情虽然没有发生，小规模疫情连续不断。鲤浮肿病、对虾急性肝胰腺坏死病等新发外来疫病已确认传入我国，而且伴随渔业的对外交往和水产品贸易不断拓展，外来水生动物疫病传入风险还会加大。由于水生动物疫情频发，养殖户为减少损失，滥用渔药及环境改良剂等化学品的行为难以根绝，给水产品质量安全和水生生物安全带来极大隐患。

水生动物防疫工作任重道远，亟须加大宣传力度，宣传疫病防控相关法律法规，宣传源头防控、绿色防控、精准防控理念以及疫病防控管理和技术服务新模式等，为促进渔业绿色发展、提升渔业质量效益竞争力提供有力保障和支撑。为此，农业农村部渔业渔政管理局和全国水产技术推广总站着眼长远、统筹规划，组织编写了《水生动物防疫系列宣传图册》，以期通过该系列宣传图册将我国水生动物防疫相关法律法规、方针政策以及绿色措施、科技成果传播到疫病防控一线，提高从业人员素质，提升全国水生动物疫病防控能力和水平。

该系列宣传图册以我国现行有关水生动物防疫相关法律法规为依据，力求权威性、科学性、准确性、指导性和实用性，以图文并茂、通俗易懂的形式生动地展现给读者。

我相信这套系列宣传图册将会在提升我国水生动物疫病防控水平，推动全国水生动物卫生事业的发展，以及培养水生动物防疫人才方面起到积极作用。

谨此，对系列宣传图册的顺利出版表示衷心的祝贺！

农业农村部渔业渔政管理局局长 张显良

2018 年 8 月

前言

为宣传我国水生动物防疫工作，普及水生动物防疫相关知识，进一步提升我国水生动物疫病防控水平，促进水产养殖业绿色可持续发展，我们组织编写了《水生动物防疫系列宣传图册（四）——水产养殖动植物疾病测报规范知识问答》。水产养殖动植物疾病测报是法律赋予水产技术推广机构、水生动物疫病预防控制机构的公益性职责，是水生动物疫病防控的基础性工作，是做到“早发现、早预警、早处置”的重要抓手。本册主要介绍水产养殖动植物疾病测报规范相关知识，供广大测报员参考。

本图册依据《水产养殖动植物疾病测报规范》（SC/T 7020—2016)、《水生动物疾病术语与命名规则 第1部分：水生动物疾病术语》（SC/T 7011.1）和《水生动物疾病术语与命名规则 第2部分：水生动物疾病命名规则》（SC/T 7011.2）编写。

本图册得到国家重点研发计划“蓝色粮仓科技创新”重点专项课题（2019YFD0900102）的资助。

由于编者水平有限，不足之处在所难免，敬请大家指正。

编　者

2020年8月

序

前言

1. 什么是水产养殖动植物疾病测报？ …… 1

2. 测报机构有哪些？职责是什么？ …… 1

3. 测报工作的法律依据是什么？ …… 3

4. 什么是发病？ …… 4

5. 什么是新发病例？ …… 6

6. 什么是新发病？ …… 6

7. 什么是发病面积比例？ …… 6

8. 什么是监测区域月初存塘量？ …… 7

9. 什么是发病区域月初存塘量？ …… 7

10. 什么是监测区域死亡率？ …… 7

11. 什么是发病区域死亡率？ …… 8

12. 测报员如何选定？ …… 8

13. 测报员的职责有哪些？ …… 9

14. 监测点如何设置？ …… 10

15. 监测养殖种类有哪些？ …… 13

16. 监测疾病种类有哪些？ …… 13

17. 水产养殖动植物疾病测报的监测月度有几个？ …… 14

18. 测报工作中判断疾病的方法有哪几种？ …… 14

19. 监测结果如何报告？ …… 16

20. 预报的工作机制是什么？ …………………………………………… 19

附录 1　监测养殖种类……………………………………………………… 21
附录 2　监测疾病种类……………………………………………………… 25
附录 3　快报表 …………………………………………………………… 50
附录 4　监测点水产养殖动植物疾病监测月度报表 ……… 52

什么是水产养殖动植物疾病测报？

答：水产养殖动植物疾病测报是对水产养殖动植物疾病发生情况进行监测，并结合生产实际和历史监测资料进行分析，对疾病未来发生及危害趋势作出预报的过程，简称测报。

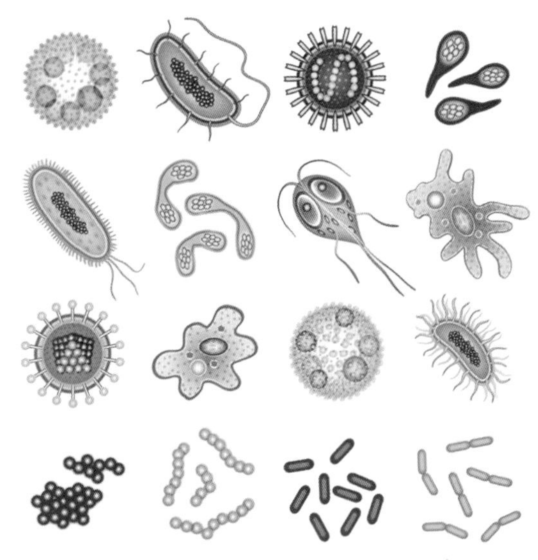

2 测报机构有哪些？职责是什么？

答：测报机构包括测报工作的组织、实施机构和技术支撑机构。

（1）组织、实施机构

全国水产技术推广总站为全国水产养殖动植物疾病测报工作的组织、实施机构，负责统一组织、实施全国水产养殖动植物疾病测报工作。

县级以上水产技术推广机构或水生动物疫病预防控制机构为辖区内水产养殖动植物疾病测报工作的组织、实施机构，负责组织、实施辖区内水产养殖动植物疾病测报工作。

（2）技术支撑机构

技术支撑机构是指为测报组织、实施机构开展测报工作提供技术支撑的机构。包括以下单位：世界动物卫生组织（OIE）指定的水生动物疫病参考实验室，国家水生动物疫病重点实验室、水生动物病原库，其他相关实验室，有关高校、科研院所。

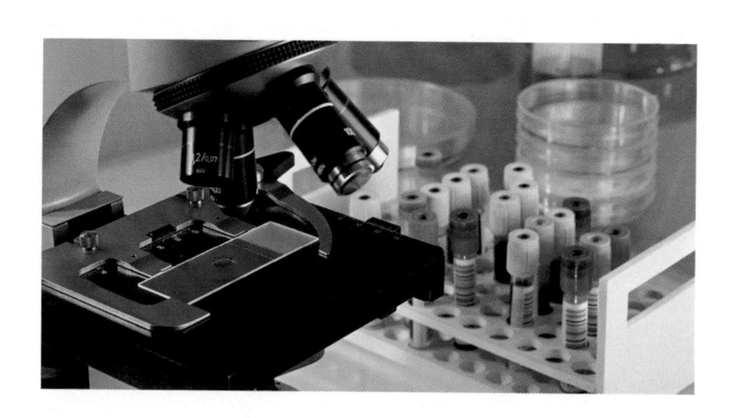

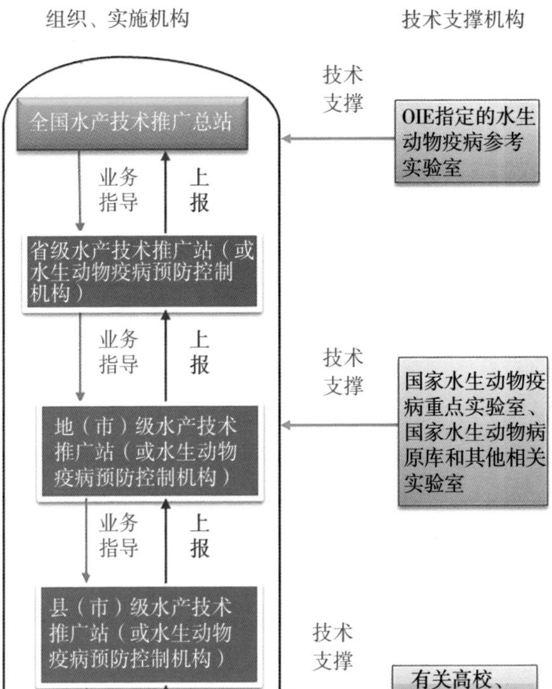

3 测报工作的法律依据是什么？

答：《中华人民共和国农业技术推广法》第十一条规定，各级国家农业技术推广机构属于公共服务机构，履行“植物病虫害、动物疫病及农业灾害的监测、预报和预防”等公益性职责。

《中华人民共和国动物防疫法》第九条规定，县级以上人

民政府按照国务院的规定，根据统筹规划、合理布局、综合设置的原则建立动物疫病预防控制机构，承担动物疫病的监测、检测、诊断、流行病学调查、疫情报告以及其他预防、控制等技术工作。第十条规定，国家支持和鼓励开展动物疫病的科学研究以及国际合作与交流，推广先进适用的科学研究成果，普及动物防疫科学知识，提高动物疫病防治的科学技术水平。

什么是发病？

答：发病是指养殖水生动物出现摄食、活动等行为异常，有一定数量个体出现烂鳃、白斑、溃烂、死亡等现象；或养殖水生植物发生形态、生理和生化的异常，有一定数量个体出现变色、萎蔫、畸形、坏死等现象。

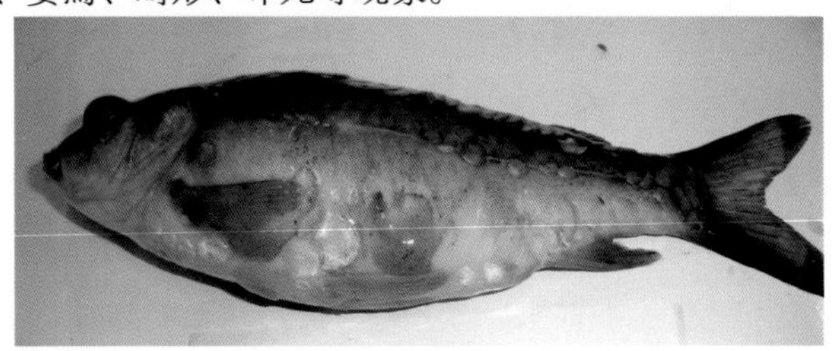

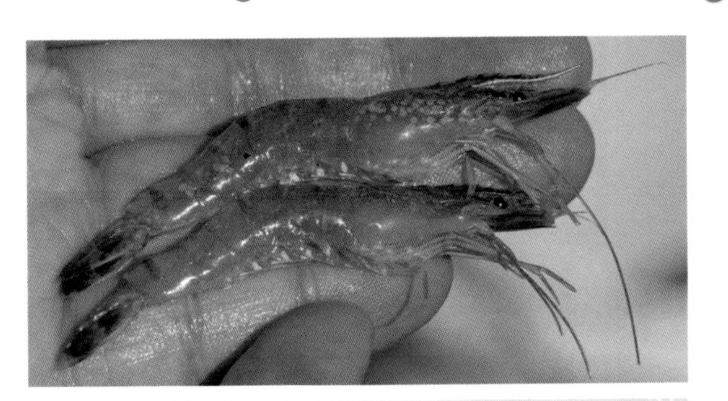

5 什么是新发病例?

答:新发病例是指监测区域发生未有病史的水产养殖动植物疾病。

6 什么是新发病?

答:新发病是指由新发现的病原体引起的，或已知病原体演变引起的，或已知的病原体传播至新的地理区域或种群引起的，并对水生动物或公共卫生具有重大影响的疾病。

7 什么是发病面积比例?

答:发病面积比例是指监测区域某一监测养殖对象发生某一疾病的面积与该对象监测面积的百分比。

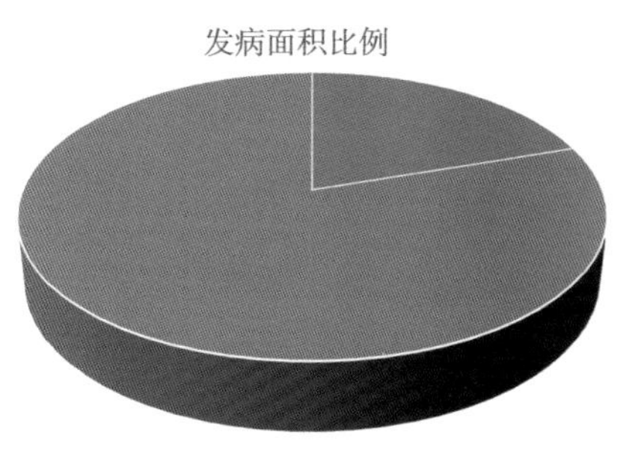

8 什么是监测区域月初存塘量？

答：监测区域月初存塘量是指监测区域内监测养殖对象月初的存活数量。

9 什么是发病区域月初存塘量？

答：发病区域月初存塘量是指发病区域内监测养殖对象月初的存活数量。

10 什么是监测区域死亡率？

答：监测区域死亡率是指监测区域某一监测对象发生某一疾病导致死亡数量与该对象监测期当初存塘量的百分比。

监测区域死亡率=监测区域疾病导致死亡数量/当初存塘量×100%

什么是发病区域死亡率?

答:发病区域死亡率是指发病区域某一监测对象发生某一疾病导致死亡数量与该对象监测期当初存塘量的百分比。

发病区域死亡率=发病区域疾病导致死亡数量/当初存塘量×100%

测报员如何选定?

答:测报员是由县级组织、实施机构选定，要求具备水产养殖相关专业知识和水生动植物疾病诊断能力，并且能保持相对稳定的人员。 测报员应填写《水产养殖动植物疾病测报员备案表》，报上级组织、实施机构备案。

水产养殖动植物疾病测报员备案表

<table>
<tr><td>姓名</td><td></td><td>性别</td><td></td><td>出生
年月</td><td></td></tr>
<tr><td>文化
程度</td><td></td><td>所学专业</td><td colspan="3"></td></tr>
<tr><td>工作单位</td><td colspan="2"></td><td colspan="2">参加工作时间</td><td></td></tr>
<tr><td>职称/职务</td><td colspan="2"></td><td colspan="2">联系电话</td><td></td></tr>
<tr><td rowspan="2">乡村兽医</td><td colspan="2">是（ ）</td><td colspan="3">取得资格时间：</td></tr>
<tr><td colspan="5">否（ ）</td></tr>
</table>

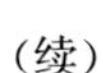

（续）

执业兽医师资格	是（ ）　　　　取得资格时间：
	否（ ）
执业助理兽医师资格	是（ ）　　　　取得资格时间：
	否（ ）
所在单位及意见	单位负责人： 年　月　日

13 测报员的职责有哪些？

答：测报员应与监测点养殖人员保持日常联系，及时了解监测点的发病情况。

监测期间，在主要生产季节，测报员每月应间隔 1 周左右到监测点，现场查看养殖记录，观察养殖情况，了解发病情况。

发现疾病，应及时到现场采样，采取临床观察，通过“全国水生动物疾病远程辅助诊断服务网”、实验室检测等对疾病进行诊断。

测报员应做好监测情况记录，填写监测点水产养殖动植物疾病监测月度报表，及时上报并归档，长期保存；或通过“全国水产养殖动植物病情测报系统”填写月度报表，并打印归档，长期保存。

查看

每月应间隔1周左右到监测点，现场查看养殖记录，观察养殖情况，了解发病情况

诊断

发现疾病，应及时到现场采样，采取临床观察、通过“全国水生动物疾病远程辅助诊断服务网”、实验室检测等对疾病进行诊断

上报

做好监测情况记录，填写监测点水产养殖动植物疾病监测月度报表，及时上报并归档，长期保存；或通过“全国水产养殖动植物病情测报系统”填写月度报表，并打印归档，长期保存

14 监测点如何设置？

答：县级水产技术推广机构或水生动物疫病预防控制机构根据本地区的养殖情况，统筹设置监测点。

监测点应符合以下要求：

（1）同一个县（市、区）、同一养殖对象、同一养殖模式监测点设置应不少于 3 个，监测面积不少于其养殖面积的 3%。

监测点设置数量	≥3 个
监测面积	≥3%

（2）各省（区、市）总监测面积不少于总养殖面积的 3%。

（3）监测点挂（立）标识牌，注明监测点名称等。监测点标示牌规格为长 700mm、高 500mm 的长方形，第一行是楷体，第二、三行是宋体。

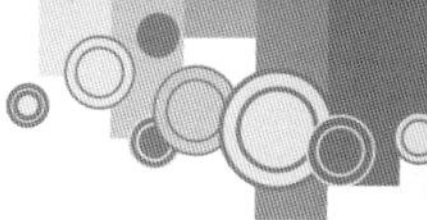

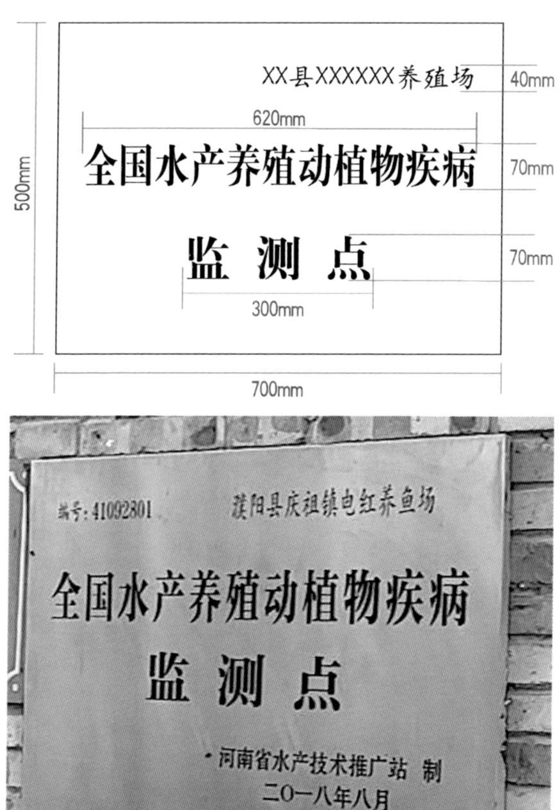

（4）填写《水产养殖动植物疾病监测点备案表》，报上级组织、实施机构备案。

水产养殖动植物疾病监测点备案表

填报日期： 省 市 县(区)

监测点代码[a]		监测点类型[b]	
监测点所在养殖场名称		监测点地址	
联系人		联系电话	

（续）

<table>
<tr><td rowspan="2">测报员姓名</td><td colspan="2" rowspan="2"></td><td>联系电话</td><td colspan="2" rowspan="2"></td></tr>
<tr><td>E-mail 或 qq</td></tr>
<tr><td>养殖种类</td><td></td><td></td><td></td><td></td><td></td></tr>
<tr><td>监测面积
（hm²）</td><td></td><td></td><td></td><td></td><td></td></tr>
<tr><td>放养密度
（尾/hm²）</td><td></td><td></td><td></td><td></td><td></td></tr>
<tr><td>养殖方式[c]</td><td></td><td></td><td></td><td></td><td></td></tr>
<tr><td>养殖模式</td><td>□单养
□混养</td><td>□单养
□混养</td><td>□单养
□混养</td><td>□单养
□混养</td><td>□单养
□混养</td></tr>
<tr><td colspan="6">所在地县级测报机构负责人姓名：

年　月　　日</td></tr>
<tr><td colspan="6">a　监测点代码为行政区划代码（6 位阿拉伯数字）＋序号（2 位阿拉伯数字：01～99）。如江苏省南京市高淳区 1 号监测点代码为 32011801。
b　监测点类型分成鱼、虾、蟹、贝、藻等养殖场、苗种场（包括原良种场）、观赏鱼养殖场 3 种类型。
c　养殖方式有海水池塘（A1）、海水普通网箱（A2）、海水深水网箱（A3）、海水滩涂（A4）、海水筏式（A5）、海水工厂化（A6）、海水底播（A7）、海水其他（A8）、淡水池塘（B1）、淡水网箱（B2）、淡水工厂化（B3）、 淡水网栏（B4）、淡水其他（B5）</td></tr>
</table>

（5）相对稳定，维持 2 年以上。

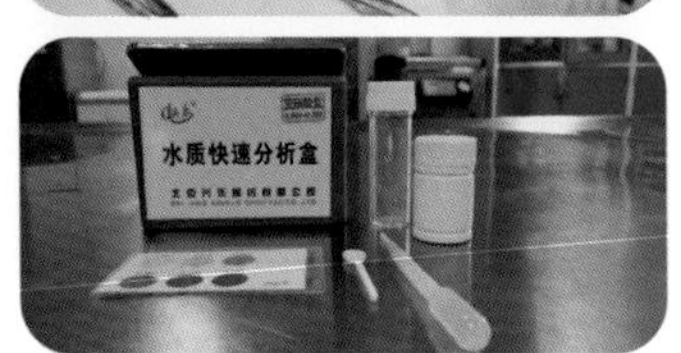

（6）配备水质测试盒、显微镜、解剖器械、照相器材、水温表或温度计等水生动植物疾病诊断相关的仪器设备，能够通过手机或电脑登录“全国水生动物疾病远程辅助诊断服务网”和“全国水产养殖动植物病情测报系统”。

15 监测养殖种类有哪些？

答：水产养殖动植物疾病测报的监测养殖种类包括鱼类、甲壳类、贝类、藻类以及两栖类和棘皮类，主要养殖类别及品种参见附录1。各地可依据实际养殖情况具体选择。

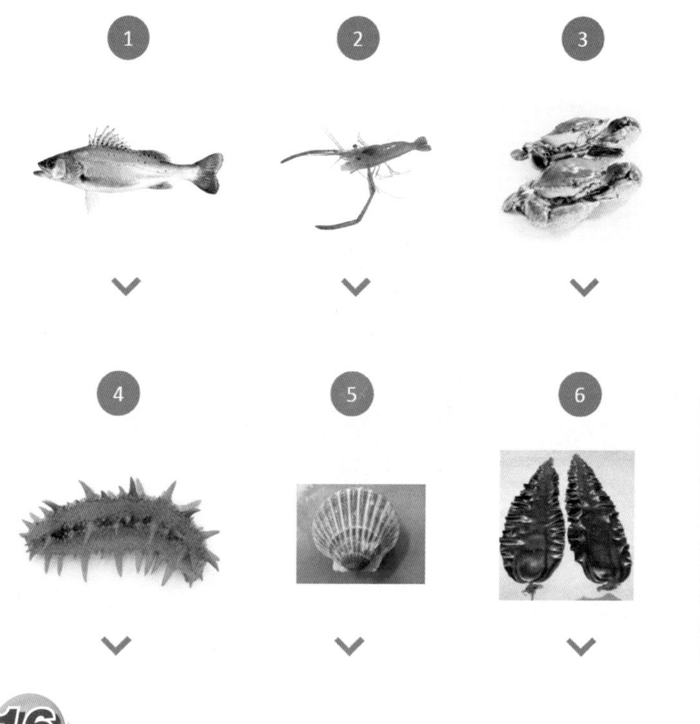

16 监测疾病种类有哪些？

答：监测疾病种类主要依据《水生动物疾病术语与命名规

则》（SC/T 7011.2）中收录的水生动物疾病以及其他疾病，参见附录 2。

17 水产养殖动植物疾病测报的监测月度有几个？

答：每年 1 月至 3 月，为一个监测月度；每年 4 月至 10 月期间，每个月为一个监测月度；每年 11 月至 12 月，为一个监测月度。 全年共 9 个监测月度。

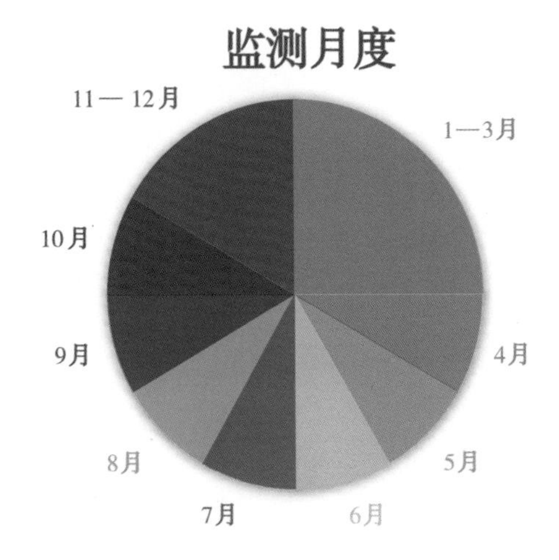

18 测报工作中判断疾病的方法有哪几种？

答：疾病诊断方法包括远程辅助诊断、临床诊断和实验室诊断。

（1）利用国家水生动物疾病远程辅助诊断平台，如“全国水生动物疾病远程辅助诊断服务网”（http://www.adds.org.cn/）

或“全国水产养殖动植物病情测报系统”，进行自助诊断或专家咨询。

（2）临床诊断按照《水生动物检疫实验技术规范》(SC/T 7014—2006）中第7章的规定进行症状检查，作出初步诊断。

（3）实验室诊断按照有关标准执行，不能确诊的病例，报送有关技术支撑机构诊断。

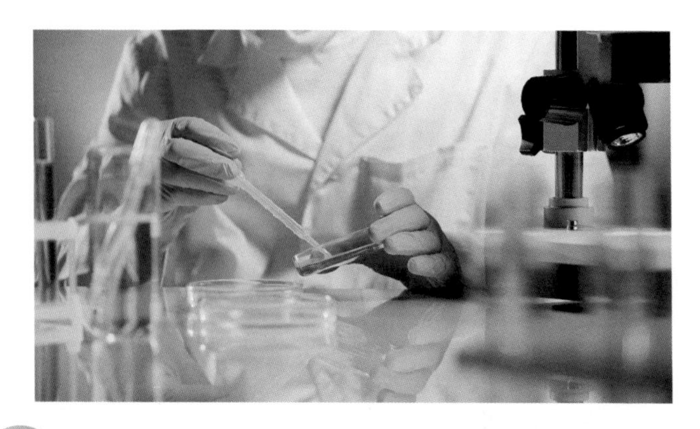

19 监测结果如何报告?

答:报告分为快报、月度报告和年报三种。

监测结果报告		
快报	月度报告	年报

(1)快报

当监测区域发生以下情况时,测报员应立即向所在地的县级测报组织、实施机构报告,并填写快报表(附录3),逐级上报至全国水产技术推广总站;或通过“全国水产养殖动植物病情测报系统”的快报通道及时上报:

a)疑似发生新发病例。

b)疑似发生新发病。

c)一、二、三类水生动物疫病呈暴发流行。

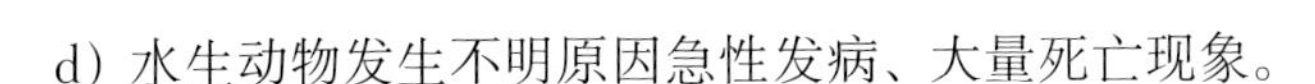

d）水生动物发生不明原因急性发病、大量死亡现象。

e）农业农村部规定需要快报的其他内容。

（2）月度报告

水产养殖动植物疾病报送实行月度报告制度：

a)测报员每个监测月度末，登录“全国水产养殖动植物病情测报系统”填写监测点水产养殖动植物疾病监测月度报表（附录 4），并点击提交至县级测报组织、实施机构。

b)每个监测月度的翌月 3 日前，县（市）级测报组织、实施机构登录“全国水产养殖动植物病情测报系统”，对辖区内测报员上报的本月度报表进行数据分析和确认，并点击提交至地（市）级测报组织、实施机构。

c)每个监测月度的翌月 6 日前，地（市）级测报组织、实施机构登录“全国水产养殖动植物病情测报系统”对辖区内县（市）级测报组织、实施机构上报的月度统计报表进行数据分析、确认、汇总，填写水产养殖动植物疾病监测月度统计报表，并点击提交至省级测报组织、实施机构。

监测月度末填写监测点水产养殖动植物疾病监测月度报表

监测月度的翌月 3日前提交至地（市）级测报组织、实施机构

监测月度的翌月6日前提交至省级测报、组织实施机构

监测月度的翌月9日前提交至全国水产技术推广总站

d)每个监测月度的翌月 9 日前，省级测报组织、实施机构登录“全国水产养殖动植物病情测报系统”对辖区内地（市）级测报组织、实施机构上报的报表进行数据分析、确认、汇总，填写水产养殖动植物疾病监测月度统计报表，并点击提交至全国水产技术推广总站。

> **注意：**通过“全国水产养殖动植物病情测报系统”上报时，县（市）级、地（市）级和省级测报组织、实施机构自动上报时间分别为每个监测月度翌月3日、6日、9日的24：00。

（3）年报

每年测报工作结束后，各级测报组织、实施机构应对当年辖区内的病情进行分析和评估，形成报告，逐级上报。

省级水产养殖疾病测报组织、实施机构在翌年1月15日前将辖区内水产养殖动植物病情分析和评估报告上报至全国水产技术推广总站。全国水产技术推广总站编撰年度《中国水生动物卫生状况报告》和《我国水生动物重要疫病状况分析》，经国家渔业行政主管部门审核批准后向社会发布。

预报的工作机制是什么？

答：在 4 月至 10 月期间，各级测报组织、实施机构在对辖区内数据进行分析的基础上，对辖区内发病趋势进行分析和预测，全国水产技术推广总站及省级水产养殖动植物疾病测报组织、实施机构每月发布一次预报信息。

当发生“问答 19”中需要快报的情况时，全国水产技术推广总站及省级水产养殖动植物疾病测报组织、实施机构应及时发布疾病预报信息。

附录1 监测养殖种类

类别		科	属	种
鱼类	海水	鮨科	花鲈属	花鲈
			石斑鱼属	宝石石斑鱼、赤点石斑鱼、鲑点石斑鱼、云纹石斑鱼、网纹石斑鱼、青石斑鱼
		石首鱼科	黄鱼属	大黄鱼
			拟石首鱼属	眼斑拟石首鱼
		军曹鱼科	军曹鱼属	军曹鱼
		鲷科	真鲷属	真鲷
			鲷属	黑鲷
		石鲈科	髭鲷属	斜带髭鲷
			胡椒鲷属	花尾胡椒鲷
		鲹科	鰤属	鰤
			鲳鲹属	卵形鲳鲹
		鲆科	牙鲆属	牙鲆
			斑鲆属	斑鲆
			菱鲆属	大菱鲆
			花鲆属	花鲆
		鲽科	木叶鲽属	木叶鲽
			星鲽属	星鲽
			高眼鲽属	高眼鲽
			石鲽属	石鲽

（续）

类别		科	属	种
鱼类	海水	鲽科	黄盖鲽属	黄盖鲽
		舌鳎科	舌鳎属	半滑舌鳎
		四齿鲀科	东方鲀属	红鳍东方鲀、菊黄东方鲀
	淡水	鲤科	青鱼属	青鱼
			草鱼属	草鱼
			鲢属	鲢
			鳙属	鳙
			鲤属	鲤（包括丰鲤、红鲤、荷包鲤、镜鲤、锦鲤等）
			鲫属	鲫（包括银鲫、湘云鲫、金鱼等）
			鳊属	长春鳊
			鲂属	团头鲂、三角鲂
			鲌属	翘嘴鲌
		鳅科	泥鳅属	泥鳅
			薄鳅属	长薄鳅
		脂鲤科	巨脂鲤属	短盖巨脂鲤（淡水白鲳）
		鲿科	黄颡鱼属	黄颡鱼、瓦氏黄颡鱼
			鮠属	长吻鮠
		鮰科	鮰属	斑点叉尾鮰
		鲇科	鲇属	鲇、南方大口鲇
		胡子鲇科	胡子鲇属	胡子鲇、革胡子鲇
		鲑科	鲑属	虹鳟
		合鳃鱼科	黄鳝属	黄鳝
		真鲈科	鳜属	大眼鳜、斑鳜、翘嘴鳜
		太阳鱼科	黑鲈属	大口黑鲈（加州鲈）
		鳢科	鳢属	乌鳢

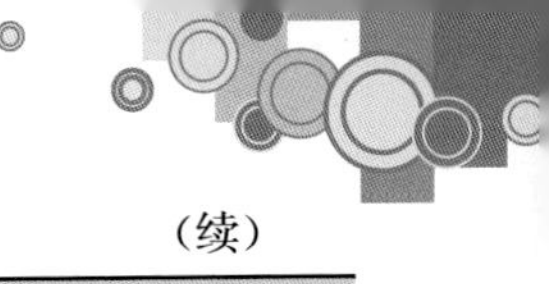

（续）

类别		科	属	种
鱼类	淡水	丽鱼科	罗非鱼属	罗非鱼
		鳗鲡科	鳗鲡属	日本鳗鲡、欧洲鳗鲡、美洲鳗鲡
		鲟科	鲟属	中华鲟、短吻鲟、俄罗斯鲟、杂交鲟
		四齿鲀科	东方鲀属	暗纹东方鲀
甲壳类	海水	对虾科	对虾属	凡纳滨对虾（南美白对虾）、斑节对虾、日本对虾、中国对虾
		梭子蟹科	梭子蟹属	三疣梭子蟹
			青蟹属	拟穴青蟹
	淡水	长臂虾科	沼虾属	罗氏沼虾、日本沼虾（青虾）
		螯虾科	原螯虾属	克氏原螯虾（小龙虾）
		对虾科	对虾属	凡纳滨对虾（南美白对虾）
		弓蟹科	绒螯蟹属	中华绒螯蟹
贝类	海水	牡蛎科	牡蛎属	牡蛎
		贻贝科	贻贝属	厚壳贻贝、翡翠贻贝
		扇贝科	扇贝属	栉孔扇贝、海湾扇贝、虾夷扇贝
		帘蛤科	蛤仔属	花蛤、文蛤、四角蛤蜊
		竹蛏科	竹蛏属	蛏
		鲍科	鲍属	皱纹盘鲍、杂色鲍
		蛾螺科	东风螺属	东风螺
		蚶科	蚶属	泥蚶、毛蚶、魁蚶
	淡水	蚌科	无齿蚌属	背角无齿蚌
			冠蚌属	褶纹冠蚌
			帆蚌属	三角帆蚌
		蚬科	蚬科	蚬

（续）

类别		科	属	种
贝类	淡水	田螺科	圆田螺	中国圆田螺
			螺丝属	螺丝
			河螺属	耳河螺
藻类	海水	海带科	海带属	海带
		翅藻科	裙带菜属	裙带菜
		红毛菜科	紫菜属	条斑紫菜、坛紫菜
		红翎菜科	麒麟菜属	珍珠麒麟菜
		石莼科	浒苔属	浒苔、条浒苔、肠浒苔
	淡水	颤藻科	螺旋藻属	螺旋藻
其他类	海水	刺参科	刺参属	绿刺参、花刺参
			仿刺参属	仿刺参
			梅花参属	梅花参
		根口水母科	海蜇属	海蜇
	淡水	龟科	乌龟属	草龟
			闭壳龟属	三线闭壳龟（金钱龟）
			拟水龟属	黄喉拟水龟
		泽龟科	彩龟属	巴西红耳龟
		鳄龟科	鳄龟属	鳄龟
		鳖科	中华鳖属	中华鳖
		蛙科	蛙属	牛蛙、虎纹蛙、棘胸蛙、棘腹蛙
		隐鳃鲵科	大鲵属	大鲵

附录 2　监测疾病种类

病毒性和立克次氏体疾病

序号	名称 正式名/别名/ 英文名或拉丁名	主要宿主	病原	主要症状	曾用名
一	鱼类病毒性疾病				
1	鱼痘疮病/*/Fish pox	鲤、鲫等淡水鱼类	鲤疱疹病毒Ⅰ型	体表有痘疮	
2	鲫造血器官坏死病/*/Crucian carp haematopoietic necrosis，CHN	鲫	鲤疱疹病毒Ⅱ型	体表、下颌充血，鳃严重充血，鳔上有瘀斑性出血	
3	锦鲤疱疹病毒病/*/Koi herpesvirus disease，KHVD	鲤等淡水鱼类	鲤疱疹病毒Ⅲ型	体表有灰白色的不规则斑点，鳃出血、分泌大量黏液	

（续）

序号	名称 正式名/别名/ 英文名或拉丁名	主要宿主	病原	主要症状	曾用名
4	斑点叉尾鮰病毒病/＊/Channel catfish virus disease，CCVD	斑点叉尾鮰	鮰疱疹病毒Ⅰ型	肛门红肿，眼球突出，身体发白，摄食减弱，鳃丝发白，腹水增多,心、肝、肾等器官肿大出血	
5	鳗鲡疱疹病毒病/＊/Herpesvirus disease of eel	欧洲鳗鲡、美洲鳗鲡、日本鳗鲡	鳗鲡疱疹病毒（AngHV-1）	鱼体黏液增加，胸鳍、鳃盖、鳃丝出血，后期腹部皮肤出血，肾脏肿大。死亡率升高	
6	传染性脾肾坏死病/＊/Infectious spleen and kidney necrosis	鳜等鱼类	传染性脾肾坏死病毒（ISKNV）	脾、肾肿大	鳜暴发性出血病
7	淋巴囊肿病/皮肤瘤病/Lymphocystis disease	鲈、鲷等海水鱼类	淋巴囊肿病毒（LCDV）	皮肤肿瘤	
8	流行性造血器官坏死病/＊/Epizootic hematopoietic necrosis，EHN	虹鳟、河鲈等淡水鱼类	流行性造血器官坏死病毒（EHNV）	患病鱼体色发黑，皮肤、鳍条和鳃损伤、坏死，垂死鱼运动失衡、鳃盖张开、头部四周充血；解剖后有时可见肝表面有局灶性白色或黄色损伤；患病鱼因肝、脾、肾和其他组织坏死而死亡	

（续）

序号	名称 正式名/别名/英文名或拉丁名	主要宿主	病原	主要症状	曾用名
9	真鲷虹彩病毒病/*/Red sea bream iridovirus disease，RSIVD	鲷、石鲽等海水鱼类	真鲷虹彩病毒（RSIV）	被感染的鱼昏睡、严重贫血，鳃有瘀点，脾脏和肾脏肿大，脾肿大尤其明显	
10	石斑鱼虹彩病毒病/*/Grouper iridovirus disease	石斑鱼	虹彩病毒科蛙病毒属成员，其中新加坡石斑鱼虹彩病毒（SGIV）和石斑鱼虹彩病毒（GIV）为主要流行株	体色变深，摄食减少，活力差，似昏睡状躺在池底或在水面漂浮、缓慢游动；在养殖水体环境中常伴随头部发红，且到感染晚期发生身体溃烂。解剖病鱼发现鳃苍白，脾和肾肿大，肌肉无弹性	
11	大菱鲆病毒性红体病/*/Viral reddish body syndrome of turbot	大菱鲆	大菱鲆红体病虹彩病毒（TRBIV）	病鱼活力弱，离群，腹面脊椎骨沿线皮下瘀血、发红，严重时整个腹面呈粉红色或暗红色。鳃丝呈暗灰色；血液量少、稀薄，不易凝固；胃肠道水肿；脾、肾肿大	大菱鲆红体病
12	鲤浮肿病/*/Carp edema	鲤、锦鲤	鲤浮肿病毒（CEV）	烂鳃、体表糜烂、出血、皮下组织水肿、眼球凹陷、食欲不振、吻端和鳍的基部溃疡	昏睡病

（续）

序号	名称 正式名/别名/英文名或拉丁名	主要宿主	病原	主要症状	曾用名
13	鲤春病毒血症/*/Spring viraemia of carp，SVC	鲤等淡水鱼类	鲤春病毒血症病毒（SVCV）	病鱼体色变黑，腹部膨大，鳃丝苍白，眼球突出，肛门红肿。皮肤、鳃和眼球常伴有出血斑点。骨骼肌震颤，有腹水，肠道严重发炎，肌肉呈红色。肝、脾、肾肿大	鲤鳔炎症、急性传染性腹水、鲤传染性腹水症、春季病毒病
14	传染性造血器官坏死病/*/Infectious hematopoietic necrosis，IHN	虹鳟等鱼类	传染性造血器官坏死病毒（IHNV）	皮肤变暗，眼球突出，腹部膨胀，鳃苍白，鳍条基部甚至全身点状出血，有的肛门处拖1条不透明或棕褐色的假管形黏液粪便	
15	病毒性出血性败血症/*/Viral haemorrhagic septicemia，VHS	鲑等鱼类	病毒性出血性败血病毒（VHSV）	出血，贫血症状明显，呈昏睡状态，体色发黑，眼球突出、充血，鳃丝及胸鳍基部皮肤出血	病毒性出血败血病
16	病毒性神经坏死病/病毒性脑病和视网膜病/Viral nervous necrosis，VNN	主要是石斑鱼、鲷、鲈、鲆等海水鱼类	鱼类神经坏死病毒（NNV）	行动不协调，呈螺旋状游泳，食欲下降或停食，眼睛和体色表现异常，鳔肿胀导致腹部膨大，中枢神经组织坏死	

（续）

序号	名称 正式名/别名/英文名或拉丁名	主要宿主	病原	主要症状	曾用名
17	传染性胰脏坏死病/＊/Infectious pancreatic necrosis，IPN	鲑鳟等鱼类	传染性胰脏坏死病毒（IPNV）	体色变黑，眼球突出，腹部膨胀，鳍基部和腹部发红、充血，肛门多数拖着线状粪便。解剖可见腹水，幽门垂出血，肝脏、脾脏、肾脏和心脏苍白；消化道内通常没有食物，充满乳白色或淡黄色黏液	
18	传染性鲑贫血病/＊/Infectious salmon anaemia，ISA	大西洋鲑、褐鳟和虹鳟	鲑贫血病病毒（ISAV）	鳃部苍白（鳃部有瘀血除外）、眼球突出、腹部膨胀、眼前方出血，间或皮肤出血（特别是腹部皮肤）以及鳞片囊水肿	
19	草鱼出血病/＊/Hemorrhage disease of grass carp	草鱼、青鱼	草鱼呼肠孤病毒（GCRV）	红肌肉型：肌肉充血；红鳍红鳃型：鳍基及鳃瓣充血；肠炎型：肠道严重充血	草鱼呼肠孤病毒病
20	鲑甲病毒病/＊/Salmonid alphavirus disease	大西洋鲑、虹鳟等鲑科鱼类	鲑甲病毒（SAV）	食欲减退，昏睡；眼球突出；腹水，心脏苍白，肠道没有食物，有黄色黏液	

（续）

序号	名称 正式名/别名/ 英文名或拉丁名	主要宿主	病原	主要症状	曾用名
21	罗非鱼湖病毒病/*/ Tilapia lake virus disease	罗非鱼	罗非鱼湖病毒（TiLV）	腹部肿胀，皮肤充血和糜烂	
22	牙鲆弹状病毒病/*/ Hirame rhabdovirus disease	牙鲆	牙鲆弹状病毒（HRV）	体色变黑，动作缓慢，体表和鳍基部充血或出血，腹部膨胀，内有腹水；生殖腺瘀血，肌肉出血，肾脏造血组织坏死，细胞核固缩、破碎、崩解和消失，肾小管上皮崩解、坏死，黑色素大量沉积；脾脏内实质细胞坏死；肠管黏膜固有层、黏膜下肌肉层充血、肿胀，胃黏膜上皮、黏膜下肌肉层显著出血；肝脏毛细血管扩张、充血，肝实质细胞变性坏死	
23	鳜鱼弹状病毒病/*/ *Siniperca chustse* rhabdovirus disease	鳜、乌鳢、加州鲈、笋壳鱼、黄鳝等淡水鱼	鳜鱼弹状病毒（SCRV）	造血器官坏死，体表及内部器官出血，腹腔积水，被感染鱼出现打转等异常行为	

（续）

序号	名称：正式名/别名/英文名或拉丁名	主要宿主	病原	主要症状	曾用名
二	甲壳类病毒性疾病				
24	白斑综合征/白斑病/White spot syndrome	虾、蟹等甲壳类	白斑综合征病毒（WSSV）	厌食，空胃，行动迟缓，弹跳无力，静卧不动或在水面兜圈。头胸甲易剥离，壳与真皮分离，头胸和甲壳上可见白色斑点	
25	肝胰腺细小病毒病/＊/Hepatopancreatic parvovirus disease	对虾	肝胰腺细小病毒（HPV）	体表附着物多	
26	传染性皮下和造血组织坏死病/＊/Infectious hypodermal and haematopoietic necrosis，IHHN	对虾	传染性皮下和造血组织坏死病毒（IHHNV）	患病对虾生长缓慢，畸形，患病稚虾额角弯曲或变形	传染性皮下和造血器官坏死病
27	桃拉综合征/＊/Taura syndrome，TS	对虾	桃拉综合征病毒（TSV）	急性期病虾体全身呈淡红色，尾扇和游泳足呈鲜红色，蜕皮期间易发生死亡；过渡期病虾体表出现不规则黑化斑	

（续）

序号	名称 正式名/别名/英文名或拉丁名	主要宿主	病原	主要症状	曾用名
28	罗氏沼虾白尾病/白尾病/*Macrobrachium rosenbergii* nodavirus disease	罗氏沼虾	罗氏沼虾野田村病毒	肌肉出现白斑或呈白浊状	罗氏沼虾肌肉白浊病
29	十足目虹彩病毒病/虾虹彩病毒病/Decapod iridescent virus disease	对虾	十足目虹彩病毒Ⅰ型	肝胰腺萎缩，肌肉发白，鳃和足发黑	
30	传染性肌坏死病/*/Infectious myonecrosis	凡纳滨对虾	传染性肌坏死病毒	体色发白，腹节发红，尾部或全身肌肉坏死变白或不透明	
31	黄头病/*/Yellow head disease，YHD	虾类	黄头病毒基因Ⅰ型	鳃、肝胰腺区发黄	
32	河蟹螺原体病/*/Trembling disease of Chinese mitten crab	中华绒螯蟹、对虾	河蟹螺原体	肢体颤抖、瘫痪、死亡	河蟹颤抖病

（续）

序号	名称 正式名/别名/ 英文名或拉丁名	主要宿主	病原	主要症状	曾用名
33	青蟹呼肠孤病毒病/＊/Mud crab reovirus disease，MCRVD	拟穴青蟹、榄绿青蟹	青蟹呼肠孤病毒	行动迟缓，身体颜色变浅呈灰绿色，鳃丝有些肿胀，剥离甲壳，甲壳内有水样物；解剖可观察到肝胰腺肿大或萎缩，主要组织病理表现为肝胰腺小管间结缔组织坏死、结缔组织细胞萎缩坏死	
三	贝类病毒性和立克次氏体疾病				
34	鲍疱疹病毒病/＊/Infection with abalone herpesvirus	鲍等贝类	鲍疱疹病毒	外套膜萎缩，活力下降，肌肉运动受限，黏液分泌过量，缺乏翻正反射	
35	牡蛎疱疹病毒病/牡蛎疱疹病毒1型感染/Infection with ostreid herpesvirus 1	太平洋牡蛎、葡萄牙牡蛎等贝类	牡蛎疱疹病毒1型微变体	患病贝类双壳闭合不全，受外界刺激时，双壳闭合缓慢，发病后几天内死亡；病理变化广泛分布于各主要器官的结缔组织，病变组织内常伴有以染色质边集和核固缩为特征的异常细胞核	

（续）

序号	名称 正式名/别名/英文名或拉丁名	主要宿主	病原	主要症状	曾用名
36	鲍立克次氏体病/＊/Infection with *Xenohaliotis californiensis*	鲍	加州立克次氏体	患病鲍容易从附着物上取下，足部褐色素增加，消化腺病变，严重时腹足萎缩并死亡	
四	两栖爬行类病毒性疾病				
37	两栖类蛙虹彩病毒病/＊/Infection with ranavirus in amphibians	大鲵、蛙类等两栖类	感染两栖类的蛙病毒属虹彩病毒	腹部膨大，头部和四肢膨大红肿，体表有白点和出血斑，肝、肾、肺红肿	大鲵虹彩病毒病

＊表示此项无或缺失

细菌性疾病

序号	名称 正式名/别名/英文名或拉丁名	主要宿主	病原	主要症状	曾用名
一	鱼类细菌性疾病				
1	链球菌病/＊/Streptococcosis	罗非鱼、虹鳟等淡水鱼类以及牙鲆、平鲷等海水鱼类	海豚链球菌、无乳链球菌、副乳房链球菌、格氏乳球菌	病鱼游动不正常、打转，典型症状表现为眼球突出，眼角膜浑浊发白，口腔、下颌和鳃盖充血，引发脑膜炎，最终导致鱼脑神经受损	

（续）

序号	名称 正式名/别名/ 英文名或拉丁名	主要宿主	病原	主要症状	曾用名
2	细菌性肾病/*/Bacterial kidney disease，BKD	鲑科鱼类	鲑肾杆菌	体表出血、眼球突出、腹部膨胀、肾病变	鲑肾杆菌病
3	诺卡氏菌病/*/Nocardiosis	鰤、大黄鱼、乌鳢、虹鳟、鲈等	诺卡氏菌	肝、脾、肾等内脏器官出现大量乳白色结节	
4	弧菌病/*/Vibriosis	鲷、鳗鲡等海、淡水鱼类	溶藻胶弧菌、鳗弧菌	鳍条尖端露出、充血、有创伤、脱黏等，也有造成尾部腐烂的情况	
5	竖鳞病/*/Lepmorthosis	鲤、鲫、金鱼、草鱼、鲢等淡水鱼类	水型点状假单胞菌、豚鼠气单胞菌、嗜水气单胞菌	鱼体发黑，体表粗糙，鱼体前部的鳞片竖立，向外张开像松球，而鳞片基部的鳞囊水肿，内部积聚半透明的渗出液，以致鳞片竖起	
6	淡水鱼细菌性败血症/*/Bacteria septicemia of freshwater fish	鲫、团头鲂、鲢、鳙、鲤、鲮、鳜、鲈、鳗鲡、斑点叉尾鮰、黄鳝、草鱼和青鱼，以及神仙鱼、金鱼等观赏鱼	嗜水气单胞菌、温和气单胞菌、鲁氏耶尔森氏菌、维氏气单胞菌等	体表严重充血及出血；眼球突出，眼眶周围充血（鲢、鳙更明显）；肛门红肿，腹部膨大，腹腔内积有淡黄色透明腹水或红色浑浊腹水；鳃、肝、肾的颜色	细菌性败血病

（续）

序号	名称 正式名/别名/ 英文名或拉丁名	主要宿主	病原	主要症状	曾用名
				均较淡，呈花斑状；肝脏、脾脏、肾脏肿大，脾呈紫黑色；胆囊肿大，肠系膜、肠壁充血，无食物，有的出现肠腔积水或气泡	
7	打印病/＊/Stigmatosis	乌鳢、黄鳝、鲢、鳙、大鲵等淡水鱼类以及两栖类	点状气单胞菌点状亚种等	皮肤及其下层肌肉出现红斑，鳞片脱落，肌肉腐烂，形成溃疡，严重时甚至露出骨骼或内脏	
8	细菌性肠炎病/＊/Bacterial enteritis	鲤、草鱼、鲈、等淡水鱼类	嗜水气单胞菌、豚鼠气单胞菌、肠型点状气单胞菌	离群独游，游动缓慢，体色发黑，食欲减退。发病早期剖开腹部，可见肠壁充血发红、肿胀发炎，肠腔内没有食物或只在肠的后段有少量食物，肠内有较多黄色或黄红色黏液。发病后期可见全肠充血发炎，肠壁呈红色或紫红色；腹部膨大，腹壁有红斑，肝脏常有红色斑点状瘀血，肛门常红肿外突，呈紫红色	

（续）

序号	名称 正式名/别名/ 英文名或拉丁名	主要宿主	病原	主要症状	曾用名
9	疖疮病/ * /Furunculosis of carp	鲤、草鱼等淡水鱼类	疖疮型点状气单胞菌	在皮下肌肉内形成感染病灶，皮肤、肌肉发炎，化脓形成脓疮，脓疮内部充满脓汁、血液和大量细菌。患部软化，向外隆起，用手触摸有柔软浮肿的感觉。隆起的皮肤先是充血，然后出血，继而坏死、溃烂，形成火山口形的溃疡口	
10	赤皮病/ * /Red-skin disease	青鱼、草鱼等淡水鱼类	荧光假单胞菌	体表、鳞片出血发炎，脱落	
11	大黄鱼内脏白点病/ * /Visceral white spot disease of *Pseudosciaena crocea*	大黄鱼	变形假单胞菌、杀香鱼假单胞菌、恶臭假单胞菌	脾、肾、肝等内脏有大量白色结节	内脏白点病
12	柱状黄杆菌病/ * /*Flavobacterium cloumnare* disease	鲤等淡水鱼类和大黄鱼、鲷等海水鱼类	柱状黄杆菌	吻部、皮肤和尾鳍溃烂；行动缓慢、反应迟钝，常离群独游；体色发黑；鳃盖骨内表皮充血；鳃丝上常见白色或土黄色黏液；鳃丝腐烂、末端黏液很多，带有污泥和杂物碎屑	细菌性烂鳃病、鱼柱状黄杆菌病

（续）

序号	名称 正式名/别名/英文名或拉丁名	主要宿主	病原	主要症状	曾用名
13	类结节病/*/Pseudo-tuberculosis	鲷等鱼类	分支杆菌	体表、肝脏、肾脏、脾脏形成许多灰白色或黄褐色的小结节，有时则形成小的坏死灶	
14	鳗鲡红点病/*/Red spot disease of eel	日本鳗鲡、欧洲鳗鲡	鳗败血假单胞菌	体表点状出血，尤以下颌、鳃盖、胸鳍基部及躯干部严重；腹膜点状出血；肝、脾、肾肿大，严重瘀血、出血；肠道也明显充血、出血	
15	斑点叉尾鮰传染性套肠症/*/Infectious intussusception of Channel catfish	斑点叉尾鮰	嗜麦芽寡养单胞菌	鳍条基部、下颌及腹部充血、出血，腹部膨大，体表出现大小不等的圆形或椭圆形的褪色斑。肛门红肿，有的病例肠道脱出，肛门形成脱肛现象，常于后肠出现1～2个肠套叠，部分鱼还可见前肠回缩进入胃	
16	杀鲑气单胞菌病/*/Infection with *Aeromonas salmonicida*	鲑、鲈、大菱鲆等	杀鲑气单胞菌	皮肤发红，出现溃疡或疖疮	

（续）

序号	名称 正式名/别名/英文名或拉丁名	主要宿主	病原	主要症状	曾用名
17	上皮囊肿病/*/Epitheliocystis disease	牙鲆、鲑、鲷等多种海、淡水鱼类	衣原体	病鱼游泳无力，呼吸困难，常在水面处呼吸，食欲下降，鳃丝分泌大量黏液，鳃丝和体表等组织的上皮细胞因衣原体寄生而形成大量的白色或淡黄色的包囊	
二	甲壳类细菌性疾病				
18	急性肝胰腺坏死病/*/Acute hepatopancreatic necrosis disease，AHPND	凡纳滨对虾等甲壳类	致急性肝胰腺坏死病副溶血弧菌等	体色发白，虾壳变软，肝胰腺明显萎缩，空肠空胃	
19	对虾肝杆菌感染/*/Infection with *Hepatobacter penaei*	凡纳滨对虾	对虾肝杆菌	肝胰腺萎缩，鳃发黑，壳变软	坏死性肝胰腺炎
三	贝类细菌性疾病				
20	文蛤弧菌病/*/Vibriosis of clam	文蛤	副溶血弧菌、弗尼斯弧菌、溶藻弧菌	闭壳肌松弛，壳缘周围黏液增多，消化道内细菌大量繁殖	

（续）

序号	名称	主要宿主	病原	主要症状	曾用名
	正式名/别名/英文名或拉丁名				
21	鲍脓疱病/*/Pustule disease of abalone	皱纹盘鲍等	河流弧菌Ⅱ	病鲍足肌上有白色脓疱，破裂的脓疱流出大量白色浓汁，呈溃烂状	
22	三角帆蚌气单胞菌病/*/Aeromonasis of *Hyriopsis cumingii*	三角帆蚌	嗜水气单胞菌	分泌大量黏液，两壳微开，斧足残缺，胃无食物	
四	两栖爬行类细菌性疾病				
23	*/红脖子病/ Red neck disease	中华鳖、乌龟、三线闭壳龟、黄喉拟水龟、四眼斑龟	嗜水气单胞菌、温和气单胞菌、豚鼠气单胞菌	颈部充血发红	
24	*/穿孔病/Perforation disease of soft-shelled turtle	中华鳖、乌龟、黄喉拟水龟、黄缘闭壳龟等	嗜水气单胞菌、产碱菌、普遍变形菌、肺炎可雷伯菌等	背甲、腹甲、四肢等处出现小疖疮，随着病情加重，疖疮逐渐增大，将疖疮揭去可见孔洞	
25	鳖溃烂病/*/ Ulcerative disease of soft－shelled turtle	中华鳖、龟	嗜水气单胞菌、假单胞菌及无色杆菌等	体表有破溃点、溃烂，头部、颈部、四肢、尾部等处皮肤糜烂或溃烂，出现溃疡。病情进一步发展时，皮肤组织坏死，患处可出现骨骼外露，趾爪脱落	腐皮病

（续）

序号	名称 正式名/别名/英文名或拉丁名	主要宿主	病原	主要症状	曾用名
26	红底板病/ * /Red abdominal disease	鳖	嗜水气单胞菌	底板布满红斑或整个底板变红	
27	蛙脑膜炎败血伊丽莎白菌病/ * /*Elizabethkingia meningoseptica* of frog disease	蛙、鳖等水生动物	伊丽莎白菌	运动机能失调、头部歪斜、身体失去平衡，内脏和脑部有大量细菌	蛙脑膜炎败血金黄杆菌病
五	多种水生动物共患病				
28	爱德华氏菌病/ * /Edwardsiellosis	大菱鲆、牙鲆、海鲈、鳗鲡和斑点叉尾鮰（淡水品种）、牛蛙、鳖	迟缓爱德华氏菌、杀鱼爱德华氏菌、鳗爱德华氏菌和鲇爱德华氏菌	体表色素脱失，眼球突出、眼睛浑浊不透明，腹部肿胀凸起，鱼鳍和皮肤出现点状出血，脱肛	

* 表示此项无或缺失

寄生虫病

序号	名称 正式名/别名/ 英文名或拉丁名	主要宿主	病原	主要症状	曾用名
一	鱼类寄生虫病				
1	中华鳋病/鳃蛆病/Sinergasiliasis（Gill maggot disease）	淡水鱼类	中华鳋	鳃多黏液，尾上叶常露出水面	
2	鱼虱病/＊/Caligusiasis	鲑鳟、石斑鱼等	海虱	烦躁不安，常跳出水面，或间歇性在水面急游，有时可见病鱼在网片摩擦，表皮破损；严重时，病鱼无力游动，伤口过多容易继发细菌病造成死亡	
3	鲺病/＊/Arguliosis	淡水鱼类	鲺	体表形成很多伤口并出血、发炎，极度不安、急剧狂游和跳跃，严重影响食欲，继而消瘦	
4	大西洋鲑三代虫病/＊/Infection with *Gyrodactylus salaries*	大西洋鲑、虹鳟等鲑鳟鱼类	大西洋鲑三代虫	病鱼常出现蹭擦池壁、跃出水面的行为，体表有闪光点。后期由于体表附着黏液而体表灰白，背鳍、尾鳍和胸鳍的边缘出现糜烂	

（续）

序号	名称 正式名/别名/ 英文名或拉丁名	主要宿主	病原	主要症状	曾用名
5	指环虫病/＊/Dactylogyriasis	草鱼、鲢等淡水鱼类	指环虫	鳃丝肿胀、黏液增多、全部或部分苍白，病鱼游动缓慢，呼吸困难	
6	拟指环虫病/＊/Pseudodactylogyrosis	鳗鲡	鳗鲡伪指环虫	虫体寄生在鳃上，病鱼鳃黏液增多，极度不安，游动缓慢，呼吸困难	伪指环虫病
7	本尼登虫病/＊/Benedeniasis	石斑鱼、鲷等海水鱼类	本尼登虫	皮肤粗糙或变白，出现溃烂、出血；体表有白斑，眼球肿胀	
8	复口吸虫病/白内障病/Diplostomulumiasis (Pearl eye disease)	淡水鱼类	复口吸虫	白内障；病鱼急游，或水中翻身旋转	
9	舌状绦虫病/＊/Ligulaosis	鲤科鱼类	舌状绦虫、双线绦虫	腹部膨大，侧游上浮或腹部朝上；剖检可见大量白色带状虫体，看不见内脏，肠呈橘黄色线条状；消瘦，严重贫血	
10	裂头绦虫病/＊/Diphyllobothriumiasis	淡水鱼类	裂头绦虫裂头蚴	病鱼没有明显症状，解剖鱼体，内脏及肌肉中可发现裂头蚴	

（续）

序号	名称 正式名/别名/英文名或拉丁名	主要宿主	病原	主要症状	曾用名
11	华支睾吸虫病/*/Clonorchiasis	鲤科鱼类	华支睾吸虫	疾病早期没有明显症状，严重时在鱼体表看到有很多小黑点	
12	头槽绦虫病/*/Bothriocephalosis	草鱼、鲤等淡水鱼类	鳒头槽虫	病鱼黑瘦，口常张开，前腹部膨胀	
13	似嗜子宫线虫病/红线虫病/Philometroidesiasis (Red eelworm disease)	草鱼、鲫等淡水鱼类	似嗜子宫线虫雌虫	充血、发炎，鳞片竖起，眼球脱落，出现不规则的瘤状囊肿	
14	鱼蛭病/*/Piscieolaiosis	鲤、鲫、黄鳝、豹纹鳃棘鲈（东星斑）等石斑鱼	尺蠖鱼蛭、缘拟扁蛭、中华湖蛭、哲罗湖湖蛭、阿鲁加姆锡兰蛭等	病鱼表现出不安，鳃及体表出血、溃烂、黏液增多，呼吸困难，消瘦、贫血	
15	鱼波豆虫病/*/Ichthyobododiasis	淡水鱼类	鱼波豆虫	游动缓慢，食欲减退，呼吸困难，皮肤及鳃上黏液增多，充血、水肿、发炎、糜烂	
16	鳗匹里虫病/*/Plistophorosis	鳗鲡	匹里虫	肌肉有许多包囊	

（续）

序号	名称 正式名/别名/英文名或拉丁名	主要宿主	病原	主要症状	曾用名
17	小瓜虫病/＊/Ichthyophthiriasis	淡水鱼类	多子小瓜虫	上皮细胞不断增生，形成肉眼可见的小白点，严重时体表似有一层白色薄膜，鳞片脱落，鳍条裂开、腐烂。病鱼反应迟钝，漫游于水面，不时在其他物体上蹭擦，不久即成群死亡	
18	盾纤毛虫病/＊/Parallembus digitiformis	鲷等海水鱼类	指状拟舟虫	体表、鳍溃烂，严重时肌肉糜烂	嗜腐虫病、指状拟舟虫病、纤毛虫病
19	刺激隐核虫病/＊/Cryptocaryoniosis	海水鱼类	刺激隐核虫	皮肤、鳃和眼出现大量小白点为主要特征，黏液增多	
20	黏孢子虫病/＊/Myxosporidiosis	鲤、鲫、鲮、草、鲢、鳙等淡水鱼类	鲢碘泡虫、饼形碘泡虫、圆形碘泡虫、鲮单极虫、异形碘泡虫、洪湖碘泡虫、吴李碘泡虫、吉陶单极虫、武汉单极虫等	虫体寄生在不同的部位引起不同的症状，但大多数种类均有一个到数个特异寄生部位，有些种类可引起病鱼大量死亡	

（续）

序号	名称 正式名/别名/ 英文名或拉丁名	主要宿主	病原	主要症状	曾用名
21	卵鞭虫病/卵甲藻病/Amyloodiniosis	金鲳、斑石鲷、草鱼、青鱼、鲢、鲤等多种海水、淡水鱼类	眼点淀粉卵涡鞭虫（*Amyloodinium ocellatum*）	病鱼皮肤、鳍、鳃、口部出现许多小白点，在水中狂游或不断摩擦身体，呼吸急促，鱼体消瘦	
二	甲壳类寄生虫病				
22	梭子蟹肌孢虫病/*/Muscular microsporidiosis of portunid crab	梭子蟹和青蟹	梭子蟹肌孢虫	严重感染蟹腹面和关节，感染部位呈明显的“白化”症状	
三	贝类寄生虫病				
23	才女虫病/*/Polydoraiosis of shellfish	鲍、扇贝等	凿贝才女虫	贝壳内壁发炎、脓肿、溃疡，近中心部形成黑褐色的痂皮	
24	奥尔森派琴虫病/*/Infection with *Perkinsus olseni*	蛤仔、扇贝、牡蛎、鲍和贻贝等	奥尔森派琴虫	消化腺苍白，严重消瘦，裂壳，外套膜萎缩，性腺退化或生长缓慢，有时软体组织发生白色小溃疡或穿孔性溃疡，严重时可导致死亡	

（续）

序号	名称 正式名/别名/ 英文名或拉丁名	主要宿主	病原	主要症状	曾用名
25	海水派琴虫病/*/Infection with *Perkinsus marinus*	蛤仔、扇贝、牡蛎、鲍和贻贝等	海水派琴虫	消化腺苍白，严重消瘦，裂壳，外套膜萎缩，性腺退化或生长缓慢，有时软体组织发生白色小溃疡或穿孔性溃疡，严重时可导致死亡	
26	折光马尔太虫病/*/Infection with *Marteilia refringens*	牡蛎、鹑螺、鸟蛤、贻贝、巨蛤	折光马尔太虫、悉尼马尔太虫	消化腺苍白，肉质变薄如水样，外套膜收缩，双壳闭合不全，严重时可导致死亡	
27	包纳米虫病/*/Bonamiasis	牡蛎	牡蛎包纳米虫、杀蛎包纳米虫等	鳃丝、外套膜褪色或形成黄色、灰色的小溃疡，或形成较深的穿孔性溃疡	

真菌和藻类病

序号	名称 正式名/别名/ 英文名或拉丁名	主要宿主	病原	主要症状	曾用名
一	鱼类真菌病				

（续）

序号	名称 正式名/别名/英文名或拉丁名	主要宿主	病原	主要症状	曾用名
1	流行性溃疡综合征/*/Epizootic ulcerative syndrome，EUS	淡水及咸淡水鱼类	丝囊霉菌	体表、头、鳃盖和尾部可见红斑，到后期出现较大的红色或灰色的浅部溃疡，并伴有棕色坏死	
2	鳃霉病/*/Branchiomycosis	淡水鱼类	鳃霉	鳃黏液增多，有出血、瘀血或缺血等斑点，呈花鳃；严重时鳃为青灰色	
二	甲壳类真菌病				
3	虾肝肠胞虫病/*/Infection with *Enterocytozoon hepatopenaei*	对虾	虾肝肠胞虫	肝胰腺萎缩、发软，颜色变深，生长缓慢或停滞	
4	丝囊霉菌感染/*/Infection with *Aphanomyces astaci*	螯虾、中华绒螯蟹	丝囊霉菌	运动失调，肌肉变白或棕色	螯虾瘟
三	两栖爬行类真菌病				
5	箭毒蛙壶菌感染/*/Infection with *Batrachochytrium dendrobatidis*	两栖类	箭毒蛙壶菌	表皮严重腐烂，运动不协调，肌肉痉挛，正常反射消失	

（续）

序号	名称 正式名/别名/ 英文名或拉丁名	主要宿主	病原	主要症状	曾用名
四	多种水生动物共患病				
6	水霉病/*/Saprolegniasis	鱼、虾、蟹、龟、鳖、两栖类	水霉科中水霉属和绵霉属的真菌	体表、卵长出灰白色棉絮状的菌丝	

* 表示此项无或缺失。

附录 3　快报表

快报表

审核人：　　　　填表人：　　　　　　日期：　　年　　月　　日

类别	养殖种类	快报原因[a]	疑似病名	诊断依据[b]		水质情况				养殖方式[c]	养殖模式[d]		放养密度（尾/hm^2）	发病面积（hm^2）	发病种类规格[d]（cm 或 g）	死亡数量（尾）	发病区域死亡率（%）
				临床	实验室	水温（℃）	pH	氨氮（mg/L）	溶解氧（mg/L）		混养	单养					
鱼类																	
甲壳类																	

（续）

类别	养殖种类	快报原因[a]	疑似病名	诊断依据[b]		水质情况				养殖方式[c]	养殖模式[d]		放养密度（尾/hm^2）	发病面积（hm^2）	发病种类规格[d]（cm 或 g）	死亡数量（尾）	发病区域死亡率（%）
				临床	实验室	水温（℃）	pH	氨氮（mg/L）	溶解氧（mg/L）		混养	单养					
贝类																	
藻类																	
其他																	
发病时间、地点、过程及主要症状																	
已采取的措施																	

a 快报原因包括：疑似发生新发病例（A），疑似发生新发病（B），一、二、三类水生动物疫病呈暴发流行（C），水生动物发生不明原因急性发病、大量死亡现象（D），农业农村部规定需要快报的其他内容（E）。

b 诊断依据：在“临床”或“实验室”栏内打“√”。

c 养殖方式有海水池塘（A1）、海水普通网箱（A2）、海水深水网箱（A3）、海水滩涂（A4）、海水筏式（A5）、海水工厂化（A6）、海水底播（A7）、海水其他（A8）、淡水池塘（B1）、淡水网箱（B2）、淡水工厂化（B3）、淡水网栏（B4）、淡水其他（B5）。

d 养殖模式：在“混养”或“单养”栏内打“√”。

e 发病种类规格：鱼类、虾类用体长 cm，其他种类用体重 g。

附录 4　监测点水产养殖动植物疾病监测月度报表

监测点水产养殖动植物疾病监测月度报表

监测点代码：　　　　　测报员：　　　　　日期：　年　月　日

类别	种类	病名	诊断依据[a]		水质情况				养殖方式[b]	养殖模式[c]		放养密度（尾/hm^2）	监测面积（hm^2）	发病面积（hm^2）	发病面积比例（%）	发病种类规格[d]（cm或g）	监测区域月初存塘量（尾）	发病区域月初存塘量（尾）	死亡数量（尾）	监测区域死亡率（%）	发病区域死亡率（%）
			临床	实验室	水温（℃）	pH	氨氮（mg/L）	溶解氧（mg/L）		混养	单养										
鱼类																					
甲壳类																					

（续）

类别	种类	病名	诊断依据[a]		水质情况				养殖方式[b]	养殖模式[c]		放养密度（尾/hm^2）	监测面积（hm^2）	发病面积（hm^2）	发病面积比例（%）	发病种类规格[d]（cm或g）	监测区域月初存塘量（尾）	发病区域月初存塘量（尾）	死亡数量（尾）	监测区域死亡率（%）	发病区域死亡率（%）
			临床	实验室	水温（℃）	pH	氨氮（mg/L）	溶解氧（mg/L）		混养	单养										
贝类																					
藻类																					
其他																					

a　诊断依据：在“临床”或“实验室”栏内打“√”。

b　养殖方式有海水池塘（A1）、海水普通网箱（A2）、海水深水网箱（A3）、海水滩涂（A4）、海水筏式（A5）、海水工厂化（A6）、海水底播（A7）、海水其他（A8）、淡水池塘（B1）、淡水网箱（B2）、淡水工厂化（B3）、淡水网栏（B4）、淡水其他（B5）。

c　养殖模式：在“混养”或“单养”栏内打“√”。

d　发病种类规格：鱼类、虾类用体长 cm，其他种类用体重 g。

水产养殖动植物疾病监测月度统计报表

审核人：　　　　填表人：　　　　　　　日期：　　年　　月　　日

类别	种类	病名	养殖方式[a]	监测面积（hm^2）	发病面积比例（%）		监测区域月初存塘量（尾）	发病区域月初存塘量（尾）	死亡数量（尾）	监测区域死亡率（%）		发病区域死亡率（%）		水温（℃）	发病种类规格[b]（cm或g）	评论号
					平均	最高				平均	最高	平均	最高			
鱼类																
甲壳类																
贝类																
藻类																
其他																
本月病情简述																
评论																
1																
2																

a 养殖方式有海水池塘（A1）、海水普通网箱（A2）、海水深水网箱（A3）、海水滩涂（A4）、海水筏式（A5）、海水工厂化（A6）、海水底播（A7）、海水其他（A8）、淡水池塘（B1）、淡水网箱（B2）、淡水工厂化（B3）、淡水网栏（B4）、淡水其他（B5）。

b 发病种类规格：鱼类、虾类用体长 cm，其他种类用体重 g